BERICHTE ÜBER DIE VERHANDLUNGEN DER SÄCHSISCHEN AKADEMIE DER WISSENSCHAFTEN ZU LEIPZIG

Mathematisch-naturwissenschaftliche Klasse
Band 103 · Heft 7

PAULA HERTWIG

ANPASSUNG, VERERBUNG UND EVOLUTION

THEORIA CUM PRAXI

AKADEMIE-VERLAG · BERLIN
1959

BERICHTE ÜBER DIE VERHANDLUNGEN DER SÄCHSISCHEN AKADEMIE DER WISSENSCHAFTEN ZU LEIPZIG

MATHEMATISCH-NATURWISSENSCHAFTLICHE KLASSE

Band 97

Heft 1 Prof. Dr. ERICH STRACK / Beobachtungen über den endogenen Anteil des Kot-Stickstoffs 24 Seiten — 8° — 1949 — DM 2,50 *(vergriffen)*

Heft 2 Prof. Dr. ERNST HÖLDER / Über die Variationsprinzipe der Mechanik der Kontinua 13 Seiten — 8° — 1950 — DM 2,75 *(vergriffen)*

Heft 3 Dr. H. GERSTNER / Dr. H. BAARK / Dr. H. GRAUL / Der Wechselstromwiderstand der Froschhaut 25 Seiten — 8° — DM 2,75 *(vergriffen)*

Heft 4 Prof. Dr. HERBERT BECKERT / Existenz- und Eindeutigkeitsbeweise für das Differenzenverfahren zur Lösung des Anfangswertproblems, des gemischten Anfangs-Randwert- und des charakteristischen Problems einer hyperbolischen Differentialgleichung zweiter Ordnung mit zwei unabhängigen Variablen 42 Seiten — 8° — 1950 — DM 9,— *(vergriffen)*

Heft 5 Prof. Dr. HERBERT BECKERT / Über quasilineare hyperbolische Systeme partieller Differentialgleichungen erster Ordnung mit zwei unabhängigen Variablen. Das Anfangswertproblem, die gemischte Anfangs-Randwertaufgabe, das charakteristische Problem 68 Seiten — 8° — 1950 — DM 14,50 *(vergriffen)*

Heft 6 Prof. Dr.-Ing. ENNO HEIDEBROEK / Das Verhalten von zähen Flüssigkeiten, insbesondere Schmierflüssigkeiten, in engen Spalten Nachdruck — 40 Seiten — 24 Abbildungen — 8° — 1952 — DM 5,80 *(vergriffen)*

Heft 7 Prof. Dr. HANS SCHUBERT / Über eine lineare Integrodifferentialgleichung mit Zusatzkern 52 Seiten — 8° — 1950 — DM 9,25 *(vergriffen)*

Heft 8 Dipl.-Phys. HELMAR KRUPP / Bestimmung der allgemeinen Lösung der Schrödinger Gleichung für Coulomb-Potential 28 Seiten — 8° — 1950 — DM 5,50 *(vergriffen)*

Band 98

Heft 1 Prof. Dr. WALTER SCHNEE / Über magische Quadrate und lineare Gitterpunktprobleme 48 Seiten — 8° — 1951 — DM 4,65 *(vergriffen)*

Heft 2 Prof. Dr.-Ing. ENNO HEIDEBROEK / Über die Beziehungen zwischen Schmierung und Verschleiß bei geschmierter Gleitreibung Nachdruck — 36 Seiten — 5 Abbildungen — 8° — 1954 — DM 2,75

Heft 3 Prof. Dr.-Ing. e. h. KARL KEGEL / Der Salzstock Mirowo bei Provadia in Bulgarien 26 Seiten — 9 Abbildungen — 8° — 1951 — DM 3,— *(vergriffen)*

Heft 4 Prof. Dr. HERBERT BECKERT / Prof. Dr. HANS SALIÉ / Bemerkungen über die Verbiegung hyperbolisch gekrümmter Flächenstücke / Über Abels Verallgemeinerung der binomischen Formel 22 Seiten — 2 Abbildungen — 8° — 1951 — DM 2,25 *(vergriffen)*

Heft 5 Prof. Dr. ERICH STRACK / Die Dauerinfusion als Verfahren zur Erforschung des Kohlenhydratstoffwechsels des Tierkörpers 20 Seiten — 8° — 1952 — DM 2,— *(vergriffen)*

BERICHTE ÜBER DIE VERHANDLUNGEN DER SÄCHSISCHEN AKADEMIE DER WISSENSCHAFTEN ZU LEIPZIG

Mathematisch-naturwissenschaftliche Klasse
Band 103 · Heft 7

PAULA HERTWIG

ANPASSUNG, VERERBUNG UND EVOLUTION

Mit 14 Abbildungen

AKADEMIE-VERLAG · BERLIN
1959

Vorgetragen in der öffentlichen Gesamtsitzung am 18. April 1959
Manuskript eingeliefert am 7. Juli 1959
Druckreif erklärt am 14. November 1959

Erschienen im Akademie-Verlag GmbH, Berlin W 1, Leipziger Str. 3–4

Lizenz-Nr. 202 · 100/777/59
Satz und Druck: Druckhaus „Maxim Gorki", Altenburg
Bestellnummer: 2027/103/7
Preis: DM 3,20
Printed in Germany
ES 18 G 1

Herrn Professor Otto Koehler

(Freiburg i. B.)

in alter Verbundenheit

zum 70. Geburtstag am 20. 12. 1959

gewidmet

VORBEMERKUNG

Der Vortrag wurde im „Darwin-Jahr“ 1959 in der öffentlichen Gesamtsitzung am 18. April 1959 gehalten. Das gewählte Thema wurde in Darwins Werk über „die Entstehung der Arten“ erstmalig grundlegend erörtert. Die Auseinandersetzungen über die berührten Probleme sind auch heute noch nicht abgeschlossen. Es war meine Absicht, durch den Vortrag einen breiteren Zuhörerkreis mit der Arbeitsweise und den Gedankengängen der modernen Vererbungs- und Evolutionsforschung bekannt zu machen.

Vor 150 Jahren, am 16. Februar 1809, wurde ein Großer in der Geschichte der Biologie geboren, CHARLES DARWIN. In demselben Jahr 1809 erschien das Lebenswerk eines anderen berühmten Biologen, die „Philosophie zoologique" von JEAN BAPTISTE DE LAMARCK. Und wieder 50 Jahre später, im Jahr 1859 veröffentlichte DARWIN sein weltbekanntes Buch „Die Entstehung der Arten". — Das Jahr 1959 ist also ein Jahr, das vielfältige Erinnerungen an eine Zeit epochemachender Fortschritte in der biologischen Erkenntnis wachruft. — Man kann wohl sagen, daß „Die Entstehung der Arten", ein Buch, das am Tage des Erscheinens bereits vergriffen war, in der wissenschaftlichen Welt und darüber hinaus bei allen an naturwissenschaftlichen und naturphilosophischen Fragen interessierten Menschen ein Aufsehen erregte, wie wohl vor oder nachher kein anderer Versuch, biologisches Geschehen historisch zu deuten und kausal zu begründen.

Sowohl bei LAMARCK als auch bei DARWIN ist die Veränderlichkeit der Lebewelt, die Veränderlichkeit sowohl im individuellen Leben als auch im Ablauf der Erdgeschichte, der Ausgangspunkt der Betrachtungen. Oder, anders ausgedrückt, beide Forscher stellten die Ursachen der ontogenetischen und der phylogenetischen Variabilität zur Debatte, ein unerhört kühnes Unterfangen für die Zeit vor 150 resp. 100 Jahren, die noch in den Anschauungen der biblischen Schöpfungsgeschichte oder, von der Biologie aus gesehen, im Banne der LINNÉschen Ansichten von der Unveränderlichkeit der Arten stand. Heute ist die Tatsache des Evolutionsvorganges und der Veränderlichkeit der Arten eine unbestrittene Erkenntnis.

Die Diskussion über die Ursachen dieses Prozesses ergreift zwar heute nicht mehr so weite Kreise und wird auch nicht mehr so leidenschaftlich geführt wie in der Zeit, die unmittelbar auf das Erscheinen von DARWINS Buch folgte, sie ist jedoch noch immer lebhaft im Gange. JULIAN HUXLEY, der Enkel von THOMAS HUXLEY, des berühmten Kampfgenossen von DARWIN, bezeichnete kürzlich die Evolutionslehre als die „synthetische Wissenschaft“, denn viele Gebiete der Biologie wetteifern miteinander, um Material für die weitere Klärung des Problems zu erarbeiten. — So bewegt sich die Debatte unserer Tage auf einer anderen Plattform als vor 50 bis 100 Jahren. Denn unsere Einstellung zu den vielseitigen Problemen der Evolutionslehre wird ja weitgehend bestimmt durch die fortschreitenden Erkenntnisse der Vererbungslehre, die in dem vergangenen Jahrhundert durch zähe spezialisierte Kleinarbeit erworben wurden. — Der Versuch löste die oft uferlosen Spekulationen ab, und wenn je eine Mahnung befolgt wurde, so ist es diejenige von ERWIN BAUR, der bei der Gründung der Zeitschrift für induktive Abstammungs- und Vererbungslehre seinen Zeitgenossen zurief: „Viel mehr Experimentieren und weniger Theoretisieren ist die Parole für die nächste Zeit.“

Die Vermehrung unseres Wissens hat aber auch Nachteile; denn unsere wissenschaftlichen Schlüsse verlieren an Anschaulichkeit und an allgemeiner Verständlichkeit. Die Folgerichtigkeit einer verallgemeinernden Konzeption, die sich auf viele Spezialergebnisse stützt, ist für den Nichtfachmann meist schwer zu verstehen. Es ist daher verständlich, daß das Wissen um den heutigen Stand der Evolutionsforschung nicht mehr so weit verbreitet ist, wie dies am Anfang unseres Jahrhunderts der Fall war.

Darum beinhaltet das gewählte Thema „Anpassung, Vererbung und Evolution“ auch nur einen kleinen Ausschnitt aus den gewaltigen, von LAMARCK und DARWIN in Angriff genommenen Fragekomplexen, freilich einen Ausschnitt von weitreichender Bedeutung, den ich versuchen will, verständlich zu machen.

Was versteht man unter Anpassung oder Adaptation?

Jeder Organismus steht in engster Beziehung zu seiner Umwelt, und es ist selbstverständlich, daß Leben nur möglich ist, wenn eine Anpassung an die Existenzmöglichkeiten, die ein gegebener Lebensraum mit seinen anorganischen und organischen Gegebenheiten bietet, besteht, und wenn Änderungen dieser Umwelt adaptiv beantwortet werden können. „Leben birgt schon eine primäre Zweckmäßigkeit in sich“ formulierte 1907 JENSEN. — Wir nehmen es daher meist als selbstverständlich hin, daß der Bau von Tieren und Pflanzen weitgehend ihren Lebensbedingungen entspricht. — DARWIN drückte diese Tatsachen wie folgt aus: „Die Struktur eines jeden organischen Gebildes steht auf die wesentlichste, aber oft verborgene Weise zu der aller anderen organischen Wesen in Beziehung, mit welchen es in Konkurrenz um Nahrung oder Wohnung kommt, oder vor welchen es zu fliehen hat, oder von welchen es lebt." — Oder, um noch einen anderen bedeutenden Selektionstheoretiker zu Worte kommen zu lassen, den 1914 verstorbenen Freiburger Zoologen AUGUST WEISMANN: „Alles ist Anpassung, Anpassung von heute, von gestern oder von Urzeiten her; alle Teile des Organismus sind aufeinander abgestimmt und ebenso ist das Ganze des Organismus seinen Lebensbedingungen angepaßt, und zwar in allen seinen Entwicklungsstufen und in allen seinen Lebensäußerungen."[1])

Ein so weit gefaßter Begriff der Anpassung ist aber wenig geeignet, um zu konkreten Vorstellungen über den Mechanismus zu kommen, der dieser Erscheinung zugrunde liegt. Wir wollen daher einige leicht zu beobachtende Anpassungserscheinungen in drei Gruppen einordnen, wobei ich mir bewußt bin, daß hierdurch der Vielfalt der Erscheinungen Zwang auferlegt wird als eine unausbleibliche Folge von Ordnungsversuchen bei komplexen Erscheinungen.

In die erste Gruppe ordne ich die aktiven regulatorischen Erscheinungen ein, d. h. die Umformungen, die das Einzelindividuum befähigen, mit den jeweils gegebenen Bedingungen des Lebens besser fertig zu werden. Es handelt sich meist um Anpassungen an nicht sehr extreme Schwankungen der Temperatur, der Beleuchtung, des osmotischen Druckes und der Nahrung, aber auch um Änderungen der Situationen, die eine andere Verhaltensweise erfordern. — Die Beispiele hierfür sind schier unerschöpflich. Einige wenige Bilder sollen deutlicher machen, was gemeint ist.

Es gibt Sumpfpflanzen, z. B. das *Pfeilkraut* (Abb. 1), deren Blätter z. T. unter Wasser bleiben, z. T. auf dem Wasser schwimmen oder über dem Wasser in die Luft ragen. Die Unterwasserblätter sind bei ihnen anders ausgebildet als die Luftblätter. Auch die innere Struktur der Blätter ist verschieden, ich weise auf die großen Luftkammern der Unterwasserteile hin. —

---

[1]) Zit. nach O. HERTWIG (1922). Das Werden der Organismen S. 374.

Nicht minder instruktiv ist der berühmte Versuch des Pariser Botanikers GASTON BONNIER. Er teilte eine einzige *Löwenzahn*pflanze in zwei Teile und versetzte die eine Hälfte in das Hochgebirge, die andere in die Ebene (Abb. 2). Bereits nach einigen Monaten sahen „die beiden Hälften sehr verschieden aus, so verschieden", wie BONNIER (1895) sagt, „daß man die beiden Hälften wohl kaum für die gleiche Spezies halten würde, wenn nicht ihre Geschichte bekannt wäre. Die Alpenpflanze wird zunächst nur $^1/_{10}$ so groß als die

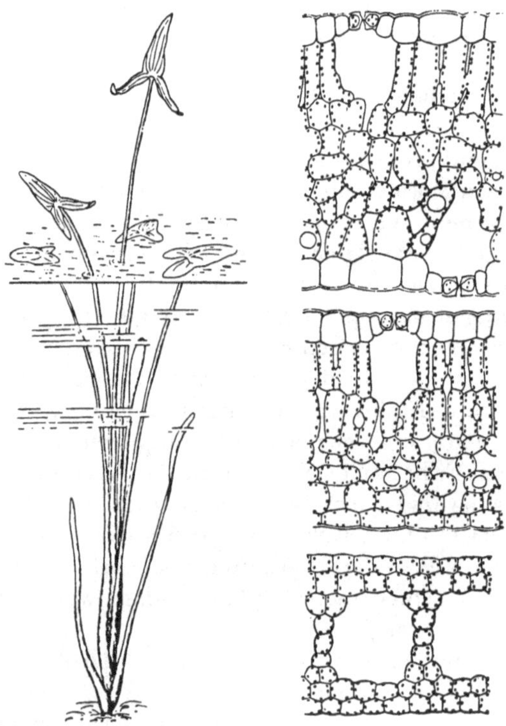

Abb. 1. Pfeilkraut (Sagittaria). Neben Luftblättern und Schwimmblättern, beide mit pfeilförmiger Blattspreite, sind lange bandförmige Wasserblätter ausgebildet. Rechts sind die zugehörigen Blattquerschnitte gezeichnet. Das Assimilationsgewebe ist am besten im Luftblatt ausgebildet. Die Unterwasserblätter sind durch Luftkammern ausgezeichnet. Aus MÄGDEFRAU, Abb. 18 (1951)

Abb. 2. Wuchsformen von Taraxacum in der Ebene (links) und im Hochgebirge (rechts). Nach BONNIER (1895)

aus der Tiefebene, aber auch die Form und der anatomische Bau der Blätter, die Art der Behaarung, die Blütenfarbe usw. werden ganz verschieden. Wenn wir nun eine solche im Gebirge völlig veränderte Pflanze wieder ausgraben und in die Ebene zurückbringen, so nehmen die hier zugewachsenen Teile ganz die alte uns vertraute Form wieder an". Der alpine Charakter prägt sich in allen Teilen der Pflanze aus, sowohl in den tiefgehenden Wurzeln, dem niederen Stengel als auch in der xerophilen Blattstruktur und der leuchtenden Blütenfarbe. –

Ich lasse einige Beispiele aus dem Tierreich folgen. Es ist bekannt, daß die Puppen des Kohlweißlings verschieden gefärbt sein können in Anpassung an den Untergrund, auf dem sie sich verpuppten. Ausschlaggebend für die Färbung ist die Menge des schwarzen, melanotischen Pigmentes, dessen Ausbildung von einem Enzym, der *Tyrosinase*, und dem pH der Körpersäfte abhängt (L. BRECHER, DÜRKEN u. a. m.). Die größte Empfindlichkeit, bezogen auf die Pigmentierung der späteren Puppe, zeigen Raupen, die kurz vor der Verpuppung herumwandern, um einen geeigneten Platz für die Puppenruhe zu finden. Ihre pigmentbildenden Enzyme (*Tyrosinase*) werden von den ultraroten Strahlen eines hellen Untergrundes gehemmt, ebenso durch gelbe und grüne Umgebung (sehr starke Hemmung) und durch die ultravioletten Strahlen einer schwarzen Umgebung gefördert (optimale Wirkung). Wenn man nun noch berücksichtigt, daß im weißen Licht die Puppe entgrünt, im gelben Licht hingegen das Grün am meisten geschützt ist, so erkennt man, wie LEONORE BRECHER (1922) sagte, daß „die Vorgänge so ineinander abgestimmt sind, daß eine Farbanpassung an die Umgebungsfarben resultiert", um so mehr „da es in der Natur weder organgefarbige noch hochrote, noch himmelblaue oder andere Flächen gibt, die keine gleichgerichtete Farbänderung den Puppen induzieren". (Ungeklärt ist trotz mancher Vermutungen noch die Rolle der Augen, die bei der Farbanpassung eine Rolle spielen.)

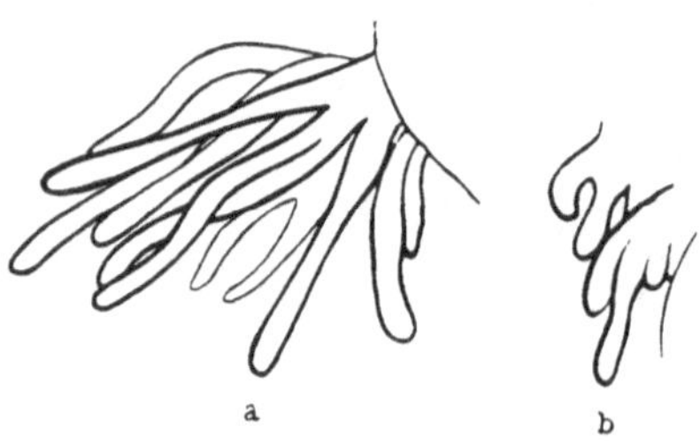

Abb. 3. Links: Kiemen einer bei 33° C gezüchteten Froschlarve. — Rechts: Kiemen einer etwa gleich weit entwickelten, bei 15° C gezüchteten Larve. Nach DOMS (1915)

Ein letztes Beispiel bei Wirbeltieren möge folgen (Abb. 3). Die Kiemen der *Kaulquappen*, die bei höherer Wassertemperatur gezogen werden, sind länger und reicher verästelt als diejenigen gleichalter, bei Normaltemperatur gehaltener Kontrolltiere. Es handelt sich hierbei um eine funktionelle Anpassung, denn das raschere Wachstum in dem wärmeren, sauerstoffärmeren Wasser erfordert eine bessere Atmung (Abb. 4). „Was den histologischen Bau der Kiemenfäden betrifft, so besteht das Epithel der im sauerstoffarmen Milieu erzogenen Larven aus völlig abgeplatteten Zellen im ausgesprochenen Gegensatz zu dem rundzelligen Epithel der Sauerstofftiere" (DWASTICH 1925).

Ich beschließe die Erörterung der aktiv regulatorischen Anpassungen mit zwei theoretischen Fragen.

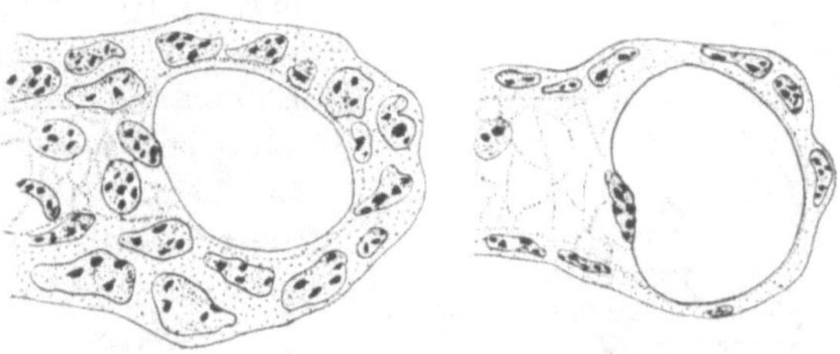

Abb. 4. Querschnitte durch Kiemenfäden einer Salamanderlarve. Links: in sauerstoffreichem, rechts in sauerstoffarmem Wasser. Nach DVASTICH (1925)

1. Hat die individuelle Umweltsvariabilität stets einen Anpassungswert? Die Antwort lautet nein, zumindestens ist er uns in sehr vielen Fällen verborgen. So z. B. wenn eine Primel, Primula sinensis, bei Treibhaustemperatur weiß, bei niederer Temperatur rot blüht.

2. Wie steht es mit der Erblichkeit? Die hier angeführten Beispiele werden von den Genetikern als *Modifikationen* bezeichnet. Vererbt wird, wie viele Versuche gezeigt haben, in allen Fällen nur die Fähigkeit, auf die Umweltsreize in dieser oder jener Richtung anzusprechen, vererbt wird nicht dieses oder jenes extreme Merkmal, sondern eine breite Reaktionsfähigkeit des Organismus auf Umwelteinflüsse. Diese Plastizität der Reaktionsnorm, ein Ausdruck, den der Leipziger Zoologe WOLTERECK prägte, ist wichtig für die individuelle und artliche Erhaltung, denn sie spricht meistens auf Faktoren an, die mit großer Wahrscheinlichkeit nicht beständig sind, sondern innerhalb bestimmter Grenzen schwanken, wie Temperatur, Belichtung, Sauerstoffgehalt usw. Wir finden daher diese regulative Anpassungsform bei denjenigen Organismen und denjenigen Funktionen am häufigsten, die solchen Umweltsschwankungen und einem Beanspruchungswechsel ausgesetzt sind.

Ein Diagramm (Abb. 5) möge die Beziehungen von Umwelt und Organismus veranschaulichen. Ein realer Organismus offenbart nie alle Erscheinungsformen und Funktionen, die er dank seines Erbgutes entwickeln könnte. Nur diejenigen seiner Anlagen können realisiert werden, die durch die Gegebenheiten der Umwelt möglich sind. Die Überschneidungszone, die je nach der Plastizität des Organismus bald zugunsten der Umwelt, bald zugunsten der Erblichkeit verschoben sein kann, bestimmt das jeweilige Erscheinungsbild und die Leistungsfähigkeit des Organismus.

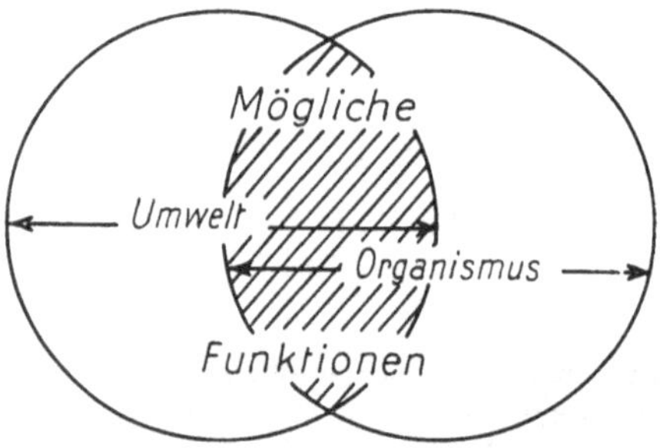

Abb. 5. Schema zur Veranschaulichung der Einwirkung von Erbe und Umwelt auf die realisierten Formen und Funktionen eines Organismus. — Schraffiertes Überschneidungsfeld: realisierter Phänotyp

Im weiteren gehe ich auf Anpassungen ein, die nur noch teilweise, z. T. sogar nur scheinbar von äußeren Einwirkungen abhängig, in Wirklichkeit aber ererbt sind, und dadurch im individuellen Leben zum großen Teil oder ganz von Umweltseinflüssen unabhängig geworden sind. Wir wollen mit WADDINGTON diese zweite Gruppe als *pseudoexogene* Anpassungen bezeichnen. — Einige Beispiele sollen das Gemeinte veranschaulichen.

Seit G. H. MEYER (1867) und J. WOLFF (1870) ist bekannt, daß die Knochen überraschend gut mechanisch durchkonstruiert sind (Abb. 6). Das gilt sowohl für die Gelenkbildungen mit ihren Muskelansätzen als auch für die Spongiosaanordnung innerhalb der Knochen. Dadurch, daß der Knochen nicht kompakt, sondern spongiös gebaut ist, wird dem Prinzip der Materialersparnis Genüge getan und der Knochen gewinnt an Leichtigkeit. Die Hauptspannungslinien bei normaler Belastung sind in einem Modell eingetragen, sie entsprechen den statischen Anforderungen, die Ingenieure für einen ähnlich geformten Kran bei gleicher Beanspruchung angeben. Es ist auch bekannt, daß diese Feinheiten sich neuen Bedingungen anpassen können, so bei Deformation der Knochen, sei es nach Rachitis, sei es nach schlecht verheilten Knochenbrüchen. Ein bekanntes Beispiel (Abb. 7) für eine solche Anpassung ist der von J. WOLFF (1870) und später von W. ROUX (1885) beschriebene Fall einer Kniegelenksankylose, d. h. einer knöchernen Verbindung von Femur und

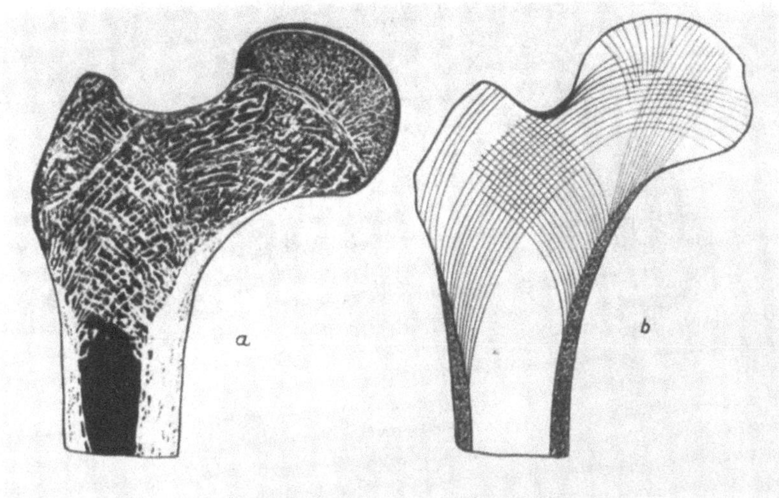

Abb. 6. *a* Knochenschliff durch das obere Ende des menschlichen Oberschenkels. *b* Modell mit den Hauptspannungslinien nach statistischen Berechnungen. Nach WOLFF (1870)

Tibia. Die Richtung der Spongiosabalken entspricht wiederum dem Modell der Spannungslinien.

Dennoch wäre es verfehlt zu glauben, daß die Knochenform und im besonderen die Gelenkform nur durch die Funktion geformt wird. Die Embryologie lehrt uns eindeutig, daß die Grundform des Knochens und der Gelenke vor der Funktion festgelegt, also erblich bedingt ist. Am eindrucksvollsten erkennen wir dies bei der Ausbildung funktionsloser Extremitäten in Transplantationsversuchen (HAMBURGER, 1928), oder auch in Regeneraten, die sich, wie BIER 1917 hervorhob, nach dem ursprünglich vorhandenen Bau-

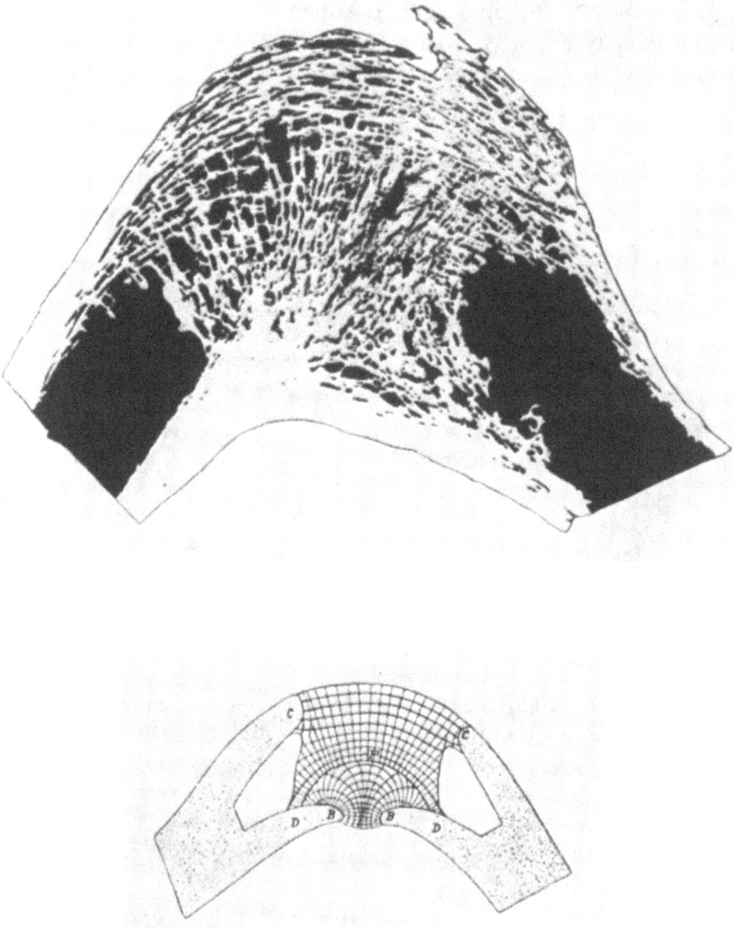

Abb. 7. Kniegelenksankylose im Längsschnitt. Vergleiche die Richtung der bogenförmigen Spongiosabälkchen und die dazu senkrecht stehenden Stützbalken mit dem darunter gezeichneten Modell einer Kniegelenksankylose. Die Lage der Knochenbälkchen entspricht der mechanischen Inanspruchnahme des versteiften, abgewinkelten Kniegelenkes. Nach WOLFF (1870) und ROUX (1885)

plan ausbilden. Nur die feinere Gestaltung und die Erhaltung von Form und Funktion ist von der späteren Beanspruchung abhängig. — Es unterliegt keinem Zweifel, daß die erhalten gebliebene Plastizität der Knochen von großem Wert für das Individuum und die Arterhaltung ist. —

Ein anderes Beispiel bietet die Verhornung der Haut an Stellen, die einem besonderen Druck ausgesetzt sind, wie z. B. an den Ballen der menschlichen Fußsohle. Schon DARWIN machte darauf

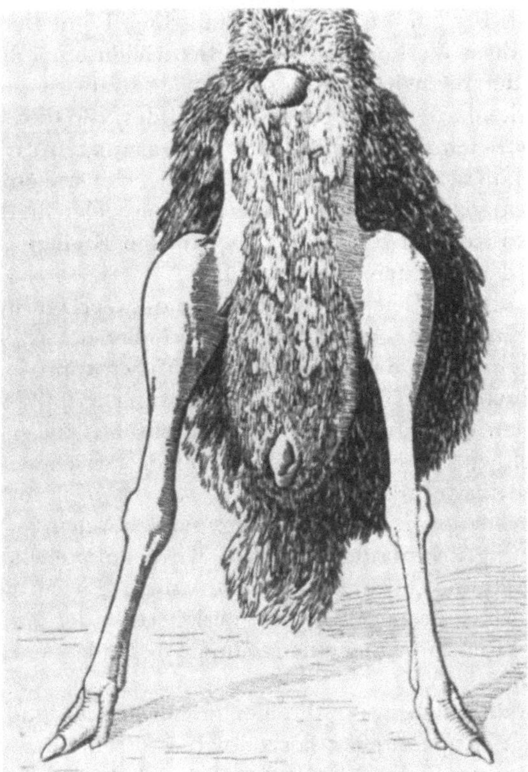

Abb. 8. Bauchseite des Straußes mit den beiden Schwielen. Umzeichnung nach einer Photographie von DUERDEN (1885). Aus WADDINGTON (1953)

aufmerksam, daß die funktionell erscheinende Anpassung beim Säugling vor der Beanspruchung feststellbar ist, eine Bemerkung, die später von dem HAECKEL-Schüler R. SEMON (1913) durch embryologische Untersuchungen bestätigt wurde. Es handelt sich also auch hier nicht um eine unmittelbare Wirkung des äußeren Druckes, sondern um eine ererbte Anlage, die freilich später durch die Beanspruchung fortentwickelt wird. Daß Verhornungen an jeder Stelle der Haut auf Druck hin auftreten können, ist allgemein bekannt. Dennoch bleibt es merkwürdig, daß bei einigen Tieren Verhornungen an außergewöhnlichen Stellen der Haut vorkommen, und zwar an Stellen, an denen sie funktionell von Bedeutung sind. Aber auch diese Verhornungen und Schwielen entstehen nicht erst auf Grund der Beanspruchung, sondern sie sind, wie die Verdickung der Fußsohlenhaut, embryonal vorgebildet. So die seit LECHES (1902) Untersuchungen berühmten Verhornungen an den Vorderläufen des *Warzenschweines*, das sich auf den ventral eingeschlagenen Vorderbeinen vorwärts schiebt, oder die Schwielen an der Brust und Beckengegend des *Straußes* (Abb. 8) an den Stellen, an denen der Vogel beim Kauern den Boden berührt.

In einem dritten Beispiel (Abb. 9), bei der Verlagerung der Augen von *Plattfischen*, einer Anpassung an die Lebensweise der Fische auf dem sandigen Boden des Meeres, ist die Mitwirkung der Umwelt bei der individuellen Ausbildung der Anpassung so gut wie ganz verlorengegangen. Die Jungfische der Plattfische sind noch bilateral symmetrisch gestaltet. Der Unterschied zwischen der rechten späteren Oberseite und der linken Unterseite, die am auffälligsten von der verschiedenen Pigmentierung und der Augenverlagerung und der Gestaltung des Maules betroffen wird, entwickelt sich erst im Jungfischstadium, zu einer Zeit also, wo die Fische noch aufrecht schwimmen und die merkwürdige Verlagerung der Augen nicht als individuelle Reaktion auf einen schon vorhandenen Reiz gedeutet werden kann.

Es ist verständlich, wenn die hier beschriebenen und ähnliche als *pseudoexogene* Anpassungen bezeichneten Erscheinungen dazu verführen, sie im neo-Lamarckistischen Sinn als Vererbung erworbener Eigenschaften zu deuten. Solche Ansichten formuliert z. B. BRAUS (1910) in seiner bekannten experimentellen Arbeit über die Gelenkbildung, wenn er sagt: „daß unser Organismus auch heute noch die

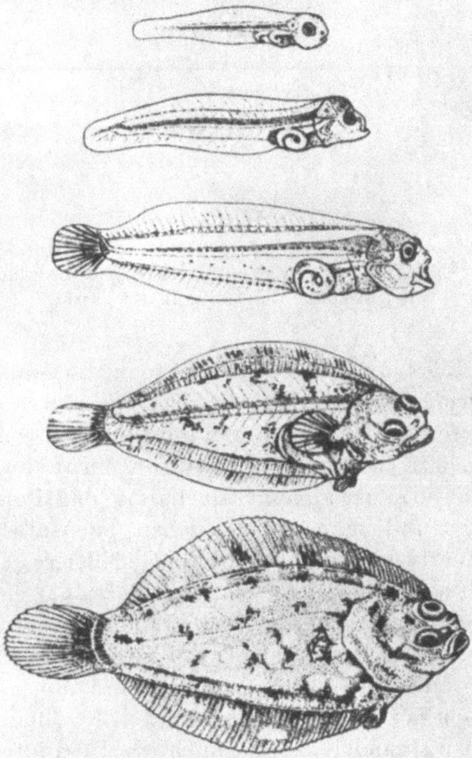

Abb. 9. Verlagerung der Augen während der Entwicklung der Scholle. Die frei schwimmenden Jugendstadien sind symmetrisch gebaut. Das erwachsene Bodentier liegt mit der linken Seite auf dem Boden. Das linke Auge wird auf die nach oben gerichtete Kopfseite verlagert. Aus v. FRISCH, Abb. 164 (1953)

Reaktionsfähigkeit der Knochen auf äußere Einflüsse besitzt und das Erbgut korrigierend und umgestaltend modeln kann, wie es der Gebrauch oder abnorme Ereignisse verlangen.“ Diesem Satz kann zugestimmt werden bis auf die Annahme der gerichteten Umgestaltung des Erbgutes; denn die Umgestaltung des Erbgutes und damit die erbliche Fixierung eines Merkmales auf dem Weg einer

Abb. 10. Links: Eisfuchs (Canis lagopus); Mitte: europäischer Fuchs (C. vulpus); rechts: Wüstenfuchs (C. zerdo).

individuellen Erwerbung verläuft nicht auf so einfachen Bahnen, wie es der zitierte Satz von BRAUS vermuten läßt.

Zu einer weiteren Gruppe gehören die Anpassungen, die wir unter dem Sammelbegriff der geographischen Anpassungen usw. zusammenfassen. — Es ist allgemein bekannt, daß Polartiere, die auf monotonen Eis- und Schneeflächen leben, ebenso wie die Wüstentiere ein „Schutzkleid" tragen, daß ihr Gefieder resp. ihre Fellfarbe an die Umwelt angepaßt ist. — Der *Polarfuchs* hat ein weißes Haarkleid, der *Wüstenfuchs* eine intensivere gelbe Färbung als seine mitteleuropäischen Artgenossen, und ebenso verhalten sich viele Polar-, resp. Wüsten- oder Strandtiere. Es besteht kaum ein Zweifel darüber, daß es sich bei diesen und verwandten Erscheinungen um eine Schutzfärbung handelt, zumal auch die Instinkte, z. B. bei Gefahr die Ruhestellung im Vertrauen auf die eigene Unsichtbarkeit statt eiliger Flucht, mit der Schutzfärbung übereinstimmend entwickelt sind. — Bei den *Füchsen* und anderen Tieren der heißen Gebiete fällt noch ein anderes Merkmal auf: sie sind im Gegensatz zu den Artgenossen kühlerer Gegenden klein und besitzen auffallend große Ohren (Abb. 10). Beide Merkmale dienen der Wärmeregulation. Das kleine Tier besitzt im Verhältnis zum großen eine relativ große Körperoberfläche, die noch durch die Ohren erheblich vergrößert wird. Diese Eigenschaft ist der Wärmeabgabe förderlich.

Diese Schutzanpassungen sind kein Produkt einer aktiven physiologischen Anpassung des Individuums an seine Umgebung. Man zweifelt wenig daran, daß sie durch die Wirkung der Auslese auf heteromorphe Populationen zustande gekommen sind, wobei natürlich die Auslese durch aktives Einwandern der Tiere in das für sie geeignete Gebiet unterstützt und beschleunigt sein kann.

Schwieriger zu beurteilen ist die bei Vögeln und Säugetieren nicht seltene Erscheinung, daß das Feder- resp. Haarkleid mit den Jahres-

Abb. 11. *a* Schneehuhn im Winter; *b* im Sommer. Schutzfärbungen. Aus v. FRISCH, Abb. 70a und b (1953)

zeiten die Färbung wechselt, wie es z. B. beim *Schneehuhn* der Fall ist. Im Winter ist das Gefieder rein weiß (Abb. 11a), mit dem sommerlich einsetzenden Federwechsel nimmt es eine gelb-bräunliche Schutzfärbung an (Abb. 11b). — Neuerdings hat R. HEWSON (1958) diesen Farbwechsel und seine Ursachen eingehend beim *Schneehasen* untersucht. Der dunkle, bräunlich graue Sommerpelz weicht im September der Herbstfärbung, die braun mit weißen Deckhaaren am Rumpf und Schultern ist. Der winterliche Haarwechsel beginnt im Oktober, die weißen Deckhaare nehmen zu und bestimmen die helle Färbung, die für Dezember, Januar charakteristisch ist. Als auslösender Faktor für den Haarwechsel wurde die jahreszeitlich bedingte Ab- und Zunahme der Lichtmenge ermittelt. Das Beispiel mag nochmals zeigen, wie schwer es ist, die verschiedenartigen Anpassungserscheinungen richtig zu verstehen, denn der Einfluß der Umwelt ist in diesem gut analysierten Fall nicht zu übersehen.

Sehr schwer zu verstehen ist eine vierte Gruppe von Anpassungen, die wir nicht als einen Vorgang, sondern nur als einen Zustand kennenlernen und bei denen es sich um die Entstehung eines zweckmäßigen Organs handelt, in dem alle Teile eine harmonische, aufeinander abgepaßte Ausbildung zeigen müssen, damit das Ganze funktionieren kann, wie etwa unser Auge oder unser Gehörorgan. Alle Teile dieser Organe sind in ihrer Funktion, aber auch in ihrer Entwicklung, voneinander abhängig, indem sie, wie wir aus der Entwicklungsphysiologie der Wirbeltiere wissen, durch eine Reihe voneinander abhängiger Determinationsketten entstehen. Der Augenbecher löst die Linsenentwicklung aus. Die Oberhaut wird nur in Abhängigkeit von dem sich bildenden Auge zur durchsichtigen Hornhaut usw. — Das Problem wird noch anregender dadurch, daß es im Tierreich eine Reihe von Formen gibt, die auf anderem embryologischen Weg Blasenaugen ähnlicher Funktionstüchtigkeit ausgebildet haben, wie beispielsweise die *Tintenfische*. — Das war schon DARWIN bekannt, er sprach von „konvergenter" Naturzüchtung. — Kann die Mutations-Selektionstheorie einen Beitrag für die Entwicklung von solchen im Prinzip gleichen und doch im Endergebnis so verschiedenartigen Spezialkonstruktionen geben? Ich kann diese Frage nicht bejahen, da unser Wissen von der Steuerung der Entwicklungsprozesse noch nicht ausreicht. Ich kann nur auf eine versuchte Erklärungsmöglichkeit hinweisen (RENSCH, 1954). Als gemeinsame Grundlage ist die Bildung peripherer Photorezeptoren anzunehmen. Deren Vermehrung durch Mutationen ist wahrscheinlich möglich, und es ist anzunehmen, daß diese Vermehrung selektiv vorteilhaft ist. Die Vermehrung der Sehzellen kann zur Einbuchtung geführt haben, d. h. zum Grubenauge der *Polychaeten* und *Gastropoden*, das in seiner besten Ausbildungsstufe Richtungs- und primitives Bildsehen ermöglicht. Die Ausscheidung von Sekreten in diese Grube kann ebenfalls mutativ entstanden sein und unter der Wirkung der Auslese zur Ausbildung von Linsen geführt haben. Solche Erklärungen sind denkmöglich, sie gehören zur Zeit aber noch in das Reich der Spekulation.

Es wäre vermessen, im Rahmen dieses Vortrages eine umfassende Erklärung der soeben skizzierten Anpassungserscheinungen unter den Gesichtspunkten der heutigen Genetik zu versuchen. Auch gehen die Ansichten nicht nur über diesen und jenen Spezialfall, sondern auch noch über grundsätzliche Fragen auseinander.

Ich will mich daher darauf beschränken, an einem Sonderfall, an den bisher noch nicht erwähnten Anpassungserscheinungen der *Mikroorganismen*, die Arbeitsweise der Gentiker verständlich zu machen. Ich hoffe, an diesem Beispiel zeigen zu können, wie statt der oft uferlosen Spekulationen, die durch DARWINS Theorie ausgelöst wurden, jetzt durch besonnene experimentelle Arbeit verwickelte Vorgänge verständlich werden können. Das hier herangezogene Arbeitsgebiet hat ferner den Vorteil, von allgemeinerem medizinischen Interesse zu sein, denn die Anpassungen der Bakterien an chemische Substrate, seien es Nährstoffe oder Stoffe, die für die Bakterien schädlich sind, wie die Antibiotica, sind für die Chemotherapie von größter Bedeutung.

Es kann als bekannt vorausgesetzt werden, daß die Bakterien es „lernen“, unseren gezielten Bemühungen, ihre Vermehrung einzudämmen, „auszuweichen“, und resistente Stämme, d. h. *penicillin-* oder *streptomycin*feste Stämme zu entwickeln, die der weiteren Anwendung des gleichen Mittels spotten.

Um verständlich zu werden, sind einige Worte über die Genetik der Mikroorganismen, besonders über die Genetik von niederen Pilzen und Bakterien vorauszuschicken. — Diese Organismen zeichnen sich durch einen raschen Vermehrungsrhythmus aus. Der größte Teil ihres Entwicklungszyklus spielt sich in der haploiden Phase ab. Es entfällt ferner der Aufbau in einen mehrzelligen Körper, wozu die vielzelligen Organismen 20—40 Zellgenerationen brauchen. Das Differenzierungsproblem in die Körperzellen und die generativen Zellen, die Keimzellen, entfällt. Dadurch vereinfachen sich manche Fragen. Es ergibt sich auch dank der meist leichten Züchtbarkeit die Möglichkeit, nicht nur das Einzelindividuum, sondern ganze Populationen zu studieren.

Schon lange ist es uns eine Selbstverständlichkeit, daß wir den Algen, Pilzen und Protozoen eine der Zelle der höheren Pflanzen und Tieren entsprechende Struktur, eine Differenzierung in Zellkern und Zelleib zusprechen. Bis vor etwa 20 Jahren war die gleiche Behauptung für die Bakterienzelle noch nicht gesichert. Heute steht fest, daß wir auch bei den Bakterien im Zellkörper Gebilde unterscheiden können, die den Chromosomen der Zellkerne vergleichbar sind, daß auch bei den Bakterien genau wie bei allen anderen Organismen *Nucleoproteide*, d. h. Verbindungen von Eiweißkörpern mit Desoxy-Ribo-Nuclein-Säure (D. N. S.) das genetische Material darstellen und mit der Eigenschaft der Reduplikation und der Informationsübermittlung an die Zellgenerationen versehen sind. Wir wissen ferner, daß auch Paarung von Zellen mit Austausch genetischer Substanz vorkommt, also Vorgänge, die mit der Kopulation und Konjugation der übrigen Einzeller vergleichbar sind.

Ein Phänomen, um dessen Aufklärung sich die Nobelpreisträger von 1958 Beadle, Tatum und Lederberg besonders verdient gemacht haben, ist die Genetik biochemischer Prozesse. Es ist dies durchaus kein Problem, das auf die Mikroorganismen beschränkt ist. Auch bei den höheren Tieren, sogar beim Menschen sind instruktive Einblicke in Gen-abhängige biochemische Vorgänge gewonnen worden. Doch sind fraglos die Arbeiten mit einfachen Pilzen und Bakterien besonders aufschlußreich.

Die Biosynthese, die zum Aufbau von Körpersubstanz, also zum Wachstum und zur Vermehrung führt, erfolgt schrittweise durch das geordnete Eingreifen von Enzymen. Durch eine Erbänderung, eine Mutation, kann dieser Aufbau unterbrochen werden, indem eines der notwendigen Enzyme ausfällt oder nicht zur Wirkung kommt (Abb. 12). Die Reaktionskette wird an einer Stelle blockiert, wie man sagt, und die für den weiteren Aufbau der Körperstoffe notwendige Substanz kann nicht gebildet werden. Durch die Blockierung häuft

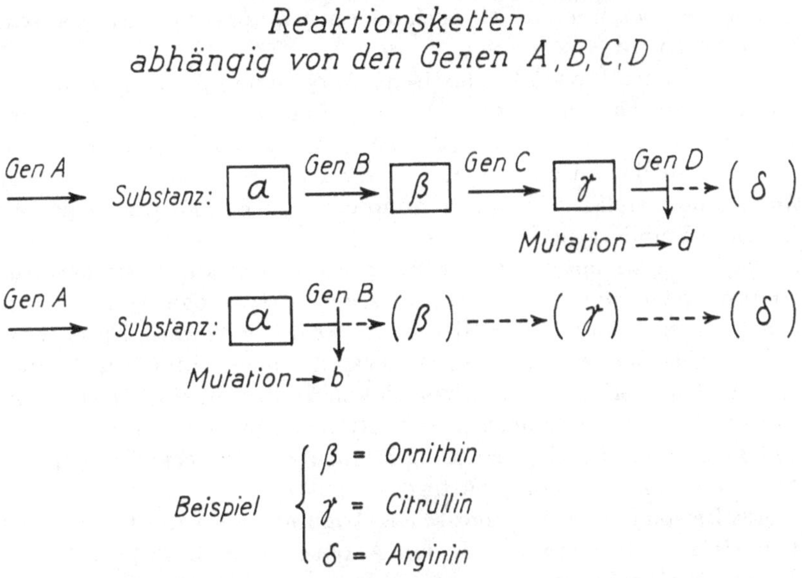

Abb. 12. Schematische Darstellung einer biochemischen Reaktionskette. Die Gene A, B, C, D steuern die Produktion der Substanzen α, β, γ, δ. Mutiert D zu d wird der Reaktionsablauf im letzten Glied unterbrochen, die Substanz δ wird nicht gebildet. Mutiert B zu b wird weder β, noch werden die folgenden Substanzen γ, δ gebildet

sich die Substanz an, die zur weiteren Verarbeitung bereit steht, genau wie auf einem Fließband, auf dem die notwendigen Handgriffe an einer Stelle nicht ausgeführt werden. Der Nachweis dieses Überschusses an „Vorgänger"-Substanz ist ein weiterer Beweis für die Richtigkeit der Auffassung, daß Gene die ihnen zugeteilten Reaktionen mit Hilfe von Enzymen, die eben diese Reaktionen ermöglichen, kontrollieren.

Kehren wir nach diesen Vorbemerkungen über unser Wissen von dem genetischen Verhalten der Mikroorganismen zu unserem Thema „Anpassung und Vererbung" zurück. Wir wollen zuerst auf die Anpassung von Bakterien und Hefen an neue Nahrungsquellen eingehen. — Zwei Möglichkeiten sind gegeben:

1. Eine direkte Anpassung des Stoffwechsels an veränderte Nährstoffe, eine Anpassung, die als phänotypische Adaptation oder

in unserem besonderen Fall auch als enzymatische Adaptation bezeichnet wird;

2. eine mutative-selektionistische Anpassung. Es wird angenommen, daß durch neu entstehende oder in der Zell-Population bereits vorhandene genetische Vielfältigkeit nur solche Zellen die neue Nahrungsquelle ausnutzen und sich vermehren können, die dem hierfür notwendigen Genotyp entsprechen, während die restlichen Zellen zugrunde gehen.

Beginnen wir mit der ersten Alternative, der enzymatischen Anpassung oder, wie es der französische Bakteriologe MONOD ausdrückte, der induzierten Biosynthese der Enzyme. Dieser Vorgang wurde bereits 1882 von WORTMANN beobachtet, wurde aber erst in den dreißiger Jahren zuerst von finnischen Forschern (VIRTANEN, KARSTRÖM) eingehender analysiert. Für weitere Einzelheiten wie auch hinsichtlich der Literaturangaben verweise ich auf das kritische Sammelreferat von LEINER (1958).

Als Beispiel einer enzymatischen Adaptation sei die Gewöhnung von Hefe an Galactose nach den Angaben von SPIEGELMAN und DUNN (1947) gebracht (Abb. 13). — Hefe, Saccharomyces cerevisiae, vermehrt sich gut auf einem traubenzucker- (*glucose-*) haltigen Substrat. Der Zucker kann leicht durch *Gluco-Zymasen* der Hefezelle fermentiert werden. Die Fermente werden von den Zellen im Überschuß abgegeben und ihre Anreicherung ist im Nährsubstrat meßbar. Wenn die Hefezellen in ein Nährsubstrat mit Galaktose, eine dem Traubenzucker nahe verwandte Hexose, überführt werden, so beginnen sie erst nach einer Pause, einer „Latenzzeit" von einigen Stunden mit der Fermentation der Galactose. Diese Latenzzeit braucht die Zelle offenbar, um ihren Stoffwechsel auf die Galactosidase-Produktion umzustellen. Mit dem Ansteigen der Galactosidase-Aktivität sinkt diejenige der Glucosidase beträchtlich ab, bis sich ein neues Gleichgewicht eingestellt hat. —

Folgende weitere Beobachtungen beweisen, daß es sich wirklich um eine Adaptation der einzelnen Zellen an die Ausnutzung eines ungewohnten Substrates handelt und nicht um die Selektion von Mutanten, die in der an die Glucose gewöhnten Hefe-Population bereits vorhanden waren:

1. Die Anpassung erfolgte in Zellen, die sich während des Vorganges der Anpassung nicht teilten. Um Teilungen zu verhin-

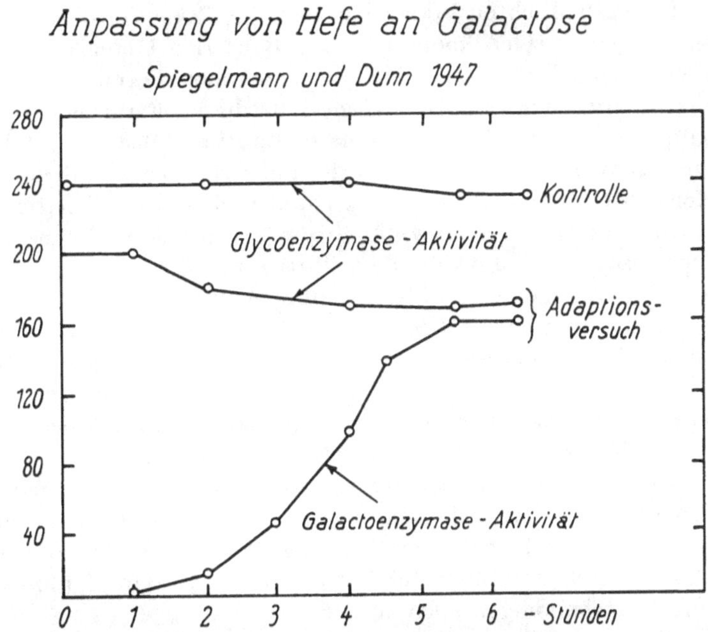

Abb. 13. Enzymatische Adaptation von Hefe an die Fermentation von Galactose. Nach SPIEGELMANN und DUNN (1947). Siehe WAGNER und MITCHELL, Abb. 90 (1957)

dern, wurden die Versuche in stickstofffreiem Substrat durchgeführt.

2. Die Anpassung, d. h. die Produktion der Galaktosidase, ist an die Gegenwart von Galaktose gebunden. Beim Zurückbringen der ruhenden an Galaktose adaptierten Zellen in Glucose verlieren sie rasch die Fähigkeit, Galaktosidase zu bilden, und erwerben sie nur dann von neuem, wenn sie wieder mit Galaktose in Berührung kommen.

Dieses Beispiel mag für die große Zahl der bei Pilzen und Bakterien festgestellten phänotypischen Adaptationen stehen. Es braucht sich bei den Versuchen nicht nur um eine enzymatische Anpassung an ein neues Nährmedium zu handeln, sondern auch um Anpassungen an Stoffe mit *toxischer* oder entwicklungshemmender Wirkung, wie es z. B. B. H. BÖHME und U. TAUBENECK (1958) in kürzlich veröffentlichten Versuchen über die *Penicillinresistenz* von *Proteus vulgaris* zeigen konnten. Diese Bakterien bilden in Gegenwart von penicillinhaltigen Medien besondere Formen aus, sogenannte „large bodies" (großer Körper). Bei diesem Formwechsel wird penicillin-inaktivierende, penicillinase-ähnliche Substanz gebildet. Dadurch schwindet das Penicillin, die Bakterien nehmen ihre Stäbchenform wieder an, vermehren sich und verlieren gleichzeitig ihre durch die Inaktivierung des *Antibioticums* erworbene Resistenz, oder genauer gesagt die Fähigkeit, Penicillinase zu bilden.

Es soll nicht unerwähnt bleiben, daß es Stimmen gibt, die sich gegen die Notwendigkeit des Abklingens der enzymatischen Adaptation wenden. In erster Linie ist hier der bekannte englische Bakteriologe HINCHELWOOD zu nennen. Er gibt zu, daß die erworbene Anpassung zunächst nicht stabil ist, meint aber, daß sich bei langer Anwesenheit des Giftstoffes „eine Widerstandsfähigkeit über viele Generationen hinweg, selbst unter vollkommener Abwesenheit des Giftstoffes" ausbildet. Er berichtet über eine Anpassung von *Bakter lactis aerogenes* (Milchbakterien) an Zellgifte (*Proflavin*), die über 100 Passagen erhalten blieb. Ich komme auf die Erklärung ähnlicher Stabilitätserscheinungen noch zurück.

Eine neuere Arbeit mit Hefen verdient hervorgehoben zu werden. K. W. KOSSIKOW arbeitete über die Anpassung von Hefezellen (*Saccharomyces globosus, S. paradoxus*) an verschiedenen Zuckerarten. Es entstanden während der Einwirkung der neuen Zuckerart einzelne Zellen, die den fremden Zucker zu vergären vermochten und welche die während der Anpassung an die Vergärung von Saccharose und Maltose entstandene Eigenschaft auch bei geschlechtlicher Vermehrung vererbten. Sie zeigten dabei normale Aufspaltung der Gärungstypen. KOSSIKOW nimmt eine unter dem Einfluß des Substrates gerichtete erbliche Veränderung an, wie etwa auch LINDEGREN (1956) auf Grund von eigenen Versuchen an Hefen über die Fähigkeit, Galaktose zu vergären. LINDEGREN vermutet eine Reaktivierung eines funktionsuntüchtigen Gens unter dem Einfluß des veränderten Nährsubstrats.

Man wird auf solche auch bei höheren Organismen nicht fehlenden Erscheinungen (WADDINGTON, 1953) sorgfältig achten müssen. Sie können unser Verständnis für die Adaptationsvorgänge erheblich fördern.

Die enzymatische Adaptation birgt viele Probleme, die für die Aufklärung des Zellstoffwechsels sehr bedeutungsvoll sind. Besonders interessiert die Entstehung der adaptiven Enzyme. — Man hat erwogen, ob in den Zellen zwei Arten von Enzymen vorhanden sind (VIRTANEN, KARSTRÖM), die man als *konstitutive* und *adaptive* bezeichnet. Die ersteren sollen in großer Menge vorhanden sein, die adaptiven gar nicht oder kaum. Da experimentell Spuren von Enzymen nicht nachweisbar sind, läßt sich die Annahme stets bereitstehender adaptiver Enzyme nicht beweisen. Sie ist aber nicht sehr wahrscheinlich, da die vorbeugende Bereitstellung eine große Belastung der Zelle bedeuten würde. Wahrscheinlicher ist, daß es sich um eine Umschaltung der üblichen synthetischen Zyklen handelt, in die, wie wir vorhin gesehen haben, ja auch die Gene eingreifen. Denn die Möglichkeiten der enzymatischen Adaptation sind nicht unbegrenzt. Es werden keine neuen, bisher völlig unbekannte Enzyme gebildet, und der Genotypus der Organismen schränkt, wie viele Beobachtungen zeigen, die Möglichkeiten der Adaptation ein. So z. B. bildet, um auf unser vorheriges Beispiel zurückzukommen, *Proteus vulgaris* in Penicillin-Lösungen eine penicillin-inaktivierende Substanz, *Proteus mirabilis* vermag dies jedoch nicht.

Die enzymatische Anpassung ist durchaus nicht auf Mikroorganismen beschränkt. Wir kennen sie sogar bei Säugetieren (vgl. LEINER). Man weiß z. B., daß die im Säuglingsdarm vorhandene *Lactase* sich bei ausbleibender Milchnahrung verringert. Bei Erwachsenen ist *Lactase* nur bei längerer ausgiebiger Milchnahrung nachzuweisen. Oder: nach intravenöser Injektion von Rohrzucker wird derselbe zunächst durch die Nieren ausgeschieden; erst nach einiger Zeit kann im Blut *Saccharase* nachgewiesen werden, die den Rohrzucker, ein *Di-Saccharid*, hydrolysiert und resorptionsfähig macht.

Zusammenfassend läßt sich sagen: Die enzymatische Adaptation ist ein gutes Beispiel für das Zusammenwirken von Erbe und Umwelt. Durch den Reiz, den ein fremdes Substrat auf die Zelle ausübt, durch „*training*" wie man auch sagt, erwirbt sie ein biochemisches Können, das sie vorher nicht besaß. Das adaptive System ist die ganze Zelle, in deren Plasma sich die auf- und abbauenden Reaktionen abspielen. Begrenzt wird dies adaptive Vermögen durch das Gen-System, das in einer nur zum Teil bekannten Weise in die Synthese von Enzymen eingreift (vgl. Abb. 12).

Versuchen wir nun, uns klar zu machen, wie die zweite, anfangs erwähnte Alternative, die mutativ-selektionistische Anpassung sich abspielt. — Ein Schema soll zeigen, worauf es ankommt und was die unterscheidenden Merkmale der beiden Alternativen sind (Abb. 14). — Es sind Bakterien dargestellt, die gegenüber einem bestimmten Stoff, z. B. einem Antibioticum, sensibel (*S*) sind. Die Kulturen gehen von einer einzigen Zelle aus, eine dreimalige Teilung der Zellen hat vor dem Zusatz des *Antibioticums* stattgefunden. In den unteren Reihen ist die enzymatische Adaptation veranschaulicht, alle Zellen reagieren nach einer mehr oder weniger langen Latenzzeit durch Abänderung ihres Stoffwechsels und passen sich aktiv, aber wie wir gehört haben, nicht irreversibel dem abändernden Substrat an. Ihr Erbgefüge bleibt unverändert, wie es durch die Beibehaltung des Symbols *S* angedeutet ist. — Im oberen Teil der Abbildung wird angenommen, daß durch einen Mutationsvorgang unter der Menge der Bakterienzellen eine Zelle eine genetische Resistenz erlangt hat. Das Gen *S*, sensibel, ist zum Gen *R*, resistent, mutiert. Diese Mutation bleibt unbemerkt, solange die Zellen sich unter den üblichen Bedingungen befinden. Erst wenn eine toxische Situation eintritt, die in unserem Modell durch den Zusatz des Antibiotikums hervorgerufen wird, tritt diese neue Eigenschaft zutage, indem die sensiblen Zellen absterben, die resistenten hingegen übrig bleiben, sich vermehren und bald die Gesamtheit der Population ausmachen.

Es ist selbstverständlich, daß die Beweise für die hier gemachten Angaben nicht leicht zu erarbeiten sind.

Es ist das Verdienst von DEMEREC (1946 u. 1951), die richtigen Wege gewiesen zu haben. — Eine der zu beantwortenden Fragen ist z. B., ob die Mutanten, die selektioniert werden, bereits in der Kultur vorhanden waren, wie es unser Schema annimmt, oder ob sie erst durch den mutagenen Einfluß des Zusatzstoffes, in unserem Beispiel eines Antibioticums, ausgelöst werden. Es hat sich herausgestellt, daß der erste Fall häufiger ist, der zweite aber auch vorkommt. Die mutative Anpassung an höhere Konzentrationen des Mediums erfolgt oft nicht sofort, sondern schrittweise, wie es DEMEREC 1948 für die Penicillinresistenz von *Staphylococcus aureus* nachwies, und 1951 bei *Escherichia coli* nach Behandlung mit Kupfersulfat und Borsäure bestätigte.

Um die experimentellen Grundlagen der Mutationskonzeption richtig einschätzen zu können, muß man sich sowohl über den Um-

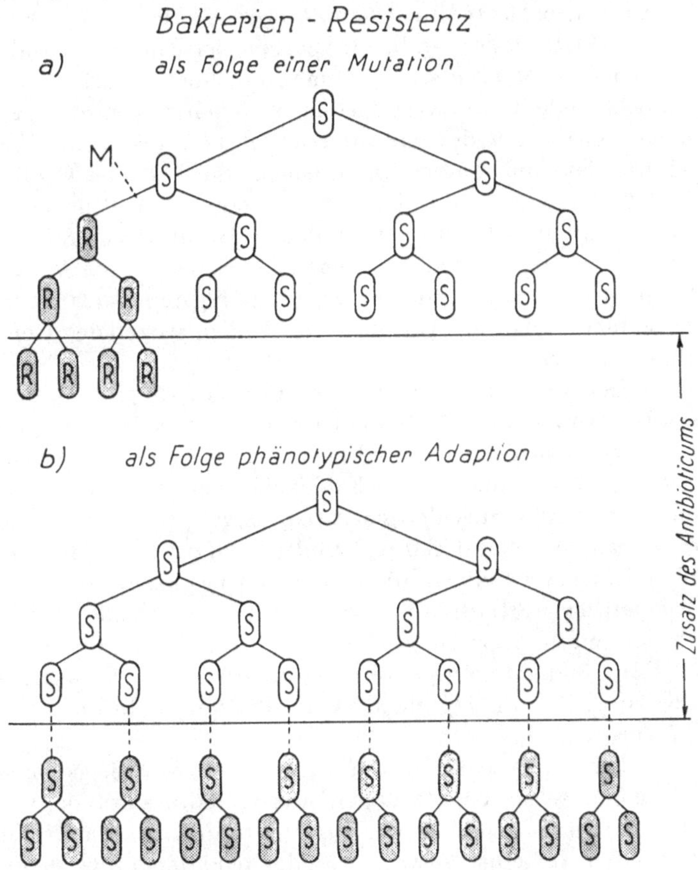

Abb. 14. Schematische Darstellung der Anpassung von Bakterien an toxische Stoffe, z. B. Antibiotica. — Die Balken stellen Bakterien dar, S bedeutet, daß die Bakterien genetisch sensibel, R daß sie durch eine Mutation (M) genetisch resistent geworden sind. — Die Resistenz, angedeutet durch Schraffierung, ist in der oberen Figur a mutativ erworben und bleibt unabhängig von der Umwelt bestehen; die Resistenz in der unteren Figur b beruht auf gleichmäßiger phänotypischer Adaptation und geht nach einigen Teilungen wieder verloren, da die Bakterien sensibel (S) geblieben sind

fang des Versuchsmaterials als auch über die Häufigkeit der Mutationen eine Vorstellung machen können. Darum sei gesagt, daß beispielsweise *Escherichia coli* 0,8 μ breit und 2—3 μ lang ist, und daß auf einer Agar-Kulturplatte von 10 cm ∅ etwa $5 \cdot 10^9$ bis $5 \cdot 10^{10}$ Bakterienzellen Platz haben, d. h. viermal so viel Einzelwesen als alle heute lebenden Menschen zusammengerechnet. Auch über die Mutationshäufigkeit, die verschiedenen Genen zukommt, ist man durch besondere Methoden gut unterrichtet, besser sogar als über die Mutationsraten von höheren Organismen. Sie hat eine Größe von 10^{-5} bis 10^{-12}, das bedeutet, daß auf einer einzigen Kulturplatte mit einiger Wahrscheinlichkeit die vorteilhafte Mutation zu finden ist.

Im Gegensatz zu der phänotypischen Anpassung ist die Anpassung durch eine selektionierte Mutation stabil, wenigstens so lange bis als relativ seltenes zufälliges Ereignis eine Rückmutation des Gens zur Sensibilität eintritt.

Vergleichen wir nun die Bedeutung der phänotypischen und der genetischen Anpassung. Beide Typen sind nützlich für die Arterhaltung, verhelfen sie doch den Bakterien zum Überstehen unvorteilhafter Lebensbedingungen. Die Fähigkeit, sich phänotypisch anzupassen, ist der Ausdruck der genetisch festgelegten Reaktionsnorm der einzelnen Artzelle, deren mehr oder weniger große Spannweite den Erhaltungswert eines Organismus mitbestimmt. Eine stabile neue genetische Situation, etwa durch andauernde Fixierung einer bestimmten Anpassungsform, wird aber durch die phänische Adaptation nicht erreicht, wäre auch für die Art nicht wünschenswert, da sie ja eine Einengung der vorteilhaften Reaktionsbreite bedeuten würde.

Anders bei der Anpassung durch Mutation und Selektion. Wir müssen bei unseren Überlegungen unsere Aufmerksamkeit nicht dem Individuum, sondern der Population, hier also der Masse der Bakterien auf einer Agarplatte oder der Menge der Keime in einem erkrankten Menschen zuwenden. Durch Mutationen wird die genetische Vielfältigkeit der Populationen erhöht und damit auch die Möglichkeit, daß Genotypen vorhanden sind, die Katastrophen, wie die Zufügung eines Antibiotikums, überstehen können. Aus diesen Überlebenden entwickelt sich ein erblich fester Unterstamm, der seine mutativ erlangte Eigenschaft weiter vererbt und beim Eintritt der gleichen Situation, d. h. im besprochenen Fall der erneuten

Einwirkung des Antibiotikums, weiter unbeeinträchtigt vermehrungsfähig ist. — Wie weit die neue Eigenschaft nicht nur einen arterhaltenden, sondern auch einen artverändernden progressiven Evolutionswert hat, hängt freilich noch von vielen anderen Bedingungen ab, deren Kenntnis noch völlig ungenügend ist.

Abschließend sei das Problem der individuellen und phylogenetischen Anpassung, von dem wir ausgegangen sind, noch einmal zusammengefaßt: LAMARCK vertrat die Ansicht, daß funktionell erworbene Eigenschaften vererbt würden und die Quelle für die Evolution der Organismen wären. DARWIN, obgleich er das Prinzip der direkten und richtenden Beeinflußbarkeit der Organismen durch die Umwelt nicht ablehnte, stellte die Lenkung einer ungerichteten Variabilität durch Selektion in den Vordergrund. Die heutige Evolutionsforschung, unterstützt von den Fortschritten der Genetik, erkennt die Bedeutung des DARWINschen Prinzipes der Selektion voll an. Sie weiß sowohl bei den Einzellern, wie aber auch bei höheren Pflanzen und Tieren, die phänotypischen modifikatorischen Anpassungen von den durch das Sieb der Selektion gegangenen, mutativ entstandenen Anpassungen zu unterscheiden und kann die Bedeutung beider Vorgänge für die Evolution richtig einschätzen. Es ist kein geringes Verdienst der Bakterien-Genetik, eine exakte und eindeutige Methodik entwickelt zu haben zur Lösung der Grundfrage: Erbliche Anpassung durch allmähliche individuelle Adaptation oder durch plötzliche Mutation und anschließende Selektion.

Damit ist eine feste Grundlage für weitere Forschungen gewonnen. — Freilich, die begeisternde Hoffnung der Jahrhundertwende, mit Hilfe einer einzigen genialen Konzeption die „Welträtsel" oder auch nur den Evolutionsvorgang restlos verstehen zu können, hat sich noch nicht erfüllt. Uns bleibt das bescheidenere, aber darum nicht weniger beglückende „Streben nach Wahrheit".

LITERATUR

BAUR, E., 1914. Einführung in die exp. Vererbungslehre. II. Aufl. S. 329. Bornträger, Berlin.

BIER, A., 1917. Dtsch. med. Wschr. **14**, Nr. 27–30.

BONNIER, C., 1895. Recherches expérimentales sur l'adaption des plantes au climat alpin. Ann. science nat. Botan. 7 Ser. Bd. **20**.

BÖHME, H., und TAUBENECK, U., 1958. Über die Penicillinresistenz von Proteus vulgare Hauser. Zentralbl. Bakteriologie, Parasitenkunde, Infektionskrankheiten u. Hygiene, II. Abt. **111**, 377–386.

BRAUS, H., 1910. Angeborene Gelenkveränderungen bedingt durch künstliche Beeinflussung des Anlagenmaterials. Arch. Entw. mech. **30**.

—, Lehrbuch d. Anatomie, Bd. **1**.

BRECHER, LEONORE, 1922. Die Puppenfärbung der Vanessiden. Arch. Entw. mech. **50**, 41–78.

—, 1923. Lichtbeeinflussung von Schmetterlingspuppe. Z. i. A. u. Vererbg. **30**, S. 291.

DEMEREC, M., 1946. Induced mutations and possible mechanisms of transmissions of heredity in Escherichia coli. Proc. Nat. Acad. Sc. **32**, 36–46.

—, 1948. J. Bacter **56**, 63.

DEMEREC, M., BERTANI, G., and FLINT, J., 1951. A survey of chemicals for mutagenic action on E. coli. Am. Naturalist **85**, 119–136.

DOMS, H., 1915. Über den Einfluß der Temperatur auf Wachstum und Differenzierung der Organe während der Entwicklung von Rana esculenta. Arch. mikr. Anat. **87**, S. 60–95.

DÜRKEN, B., 1919. Experimental Zoologie. Berlin. Bornträger.

—, 1923. Farbiges Licht auf Pieris-Puppen. Arch. f. mikr. Anat. u. Entwicklungsmechanik **99**, 222.

DWASTICH, L., 1925. Z. vgl. Physiol. **2**.

FRISCH, v. K., 1953. Biologie II. Bayrischer Schulbuch-Verlag, München, 200 S.

HAMBURGER, V., 1928. Die Entwicklung experimentell erzeugter nervenloser und schwach innervierter Extremitäten von Anuren. Roux' Arch. **114**, 272–363.

HERTWIG, G., und P., 1930. Regulation von Wachstum, Entwicklung u. Regeneration durch Umweltsfaktoren. In Hdb. d. normalen u. pathologischen Physiologie Bd. II, 1, Herausgeber A. Bethe. Springer-Verlag.

HERTWIG, O., 1922. Das Werden der Organismen. G. Fischer, Jena; S. 686.

HESSE, R., 1924. Tiergeographie auf ökologischer Grundlage. G. Fischer, Jena.
—, 1943. Das Tier als Glied des Naturganzen. 2. Aufl. 2. Bd. v. Hesse-Doflein. Tierbau u. Tierleben.
HEWSON, RAYMOND, 1958. Haarwechsel und winterliche Weißfärbung bei dem Schneehasen. Proc. zool. Soc. London **131**, 99—108.
HINSHELWOOD, C. N., 1946. The chemical kinetics of the bacteria cell. Oxford, Univ. Press.
JENSEN, P., 1907. Organische Zweckmäßigkeit in Entwicklung und Vererbung.
KARSTRÖM, H., 1938. Enzymatische Adaptation bei Microorganismen. Ergebnisse der Enzymforschung 7, 350.
KOSSIKOW, K. W., 1958. Die gerichtete erbliche Veränderlichkeit der Fermenteigenschaften der Hefe unter dem Einfluß des spezifischen Substrates. Berlin, Sowj. Wissenschaft. Bd. 7, 744—766.
LECHE, W., 1902. Ein Fall von Vererbung erworbener Eigenschaften. Biol. Zentralblatt **22**, 79—82.
LEINER, M., 1958. Enzymatische Anpassung bei Mikro-Organismen ohne Veränderung des Erbgutes. Ergeb. der Mikrobiologie, Immunitätsforschung u. exp. Therapie. Bd. **31**, 35—130.
LINDEGREN, C. C., 1956. Mutation and other variations in microorganisms. Compt. Rend Lab. Carlsberg. Ser. physiol. 26.
MÄGDEFRAU, K., 1951. Botanik. Heidelberg, Universitätsverlag.
MEYER, V. H., 1867. Die Architektur der Spongiosa. Arch. f. Anat. u. Physiol. Jahrg. 1867.
—, 1873. Die Statik und Mechanik des menschlichen Knochengerüstes.
ROUX, W., 1865—1885. Beschreibung u. Erläuterung einer knöchernen Kniegelenksankylose. 1865. — Funktionelle Anpassungen. 1885. In Gesammelte Abh. Bd. I.
SEMON, R., 1913. Die Fußsohle des Menschen. Arch. f. mikr. Anat. Bd. 82.
SPIEGELMAN, S., und DUNN, R., 1947. J. Gen. Physiol. **31**, 153.
TAUBENECK, U., und BÖHME, H., 1958. Der Einfluß von Bakteriophagen auf die L-Phase von Proteus mirabilis. Z. f. Naturforschung **13**, 471—472.
VIRTANEN, A. P., 1947. Proc. 4. Internat. Congr. Microbiol. Copenhagen 379.
WADDINGTON, C. H., 1953. Die Entstehung der Anpassungen. Endeavour Bd. XII: 134—139 London.
WAGNER, R. P., und MITCHELL, H. K., 1957. Genetics and Metabolism. Willy & Sons. N. York, London, 444 S.
WOLFF, JULIUS, 1870. Über die innere Architektur der Knochen. Virchows Arch. **50**.
WORTMANN, 1882, zit. nach LEINER, 1958 s. d. Fermentative Anpassung von Micro-Organismen an Nährböden.

Fortsetzung von der 2. Umschlagseite

Band 99

Heft 1 Prof. Dr. HEINRICH BRANDT / Über das quadratische Reziprozitätsgesetz
18 Seiten — 8° — 1951 — DM 1,90 *(vergriffen)*

Heft 2 Prof. Dr. GEORG SPACKELER / Der Gebirgsdruck und seine Beherrschung durch den Bergmann 36 Seiten — 12 Abbildungen — 8° — 1951 — DM 1,65 *(vergriffen)*

Heft 3 Prof. Dr. ERNST DIEPSCHLAG / Die Anwendbarkeit der Regelungstechnik in der Hüttenindustrie 38 Seiten — 12 Abbildungen — 8° — 1952 — DM 3,90

Heft 4 Prof. Dr. ALBERT FROMME / Die Bedeutung der Entwicklungsgeschichte, besonders des Mesenchyms für die Klinik 24 Seiten — 8° — 1952 — DM 1,75 *(vergriffen)*

Heft 5 Dr. ROBERT BÖKER / Die Entstehung der Sternsphäre Arats
68 Seiten — 4 Abbildungen — 2 Ausschlagtafeln — 3 Tabellen — 8° — 1952 — DM 5,60

Band 100

Heft 1 Prof. Dr. HEINRICH BRANDT / Über Stammfaktoren bei ternären quadratischen Formen 24 Seiten — 8° — 1952 — DM 2,25

Heft 2 Dr. PAUL GÜNTHER / Zur Gültigkeit des Huygensschen Prinzips bei partiellen Differentialgleichungen vom normalen hyperbolischen Typus
43 Seiten — 8° — 1952 — DM 5,—

Heft 3 Dr. ALFRED MÜLLER / Die Schaubarkeit in der Axonometrie
22 Seiten — 3 Ausschlagtafeln — 8° — 1952 — DM 3,— *(vergriffen)*

Heft 4 Prof. Dr.-Ing. ENNO HEIDEBROEK / Die Beziehungen zwischen Härte, Schmierung und Verschleißfestigkeit
Nachdruck — 40 Seiten — 10 Abbildungen — 8° — 1954 — DM 3,40

Heft 5 Prof. Dr. ROBERT SCHRÖDER / Frauenheilkunde in Forschung und Praxis
22 Seiten — 8° — 1952 — DM 1,35

Heft 6 Dr. ROLF REISSIG / Die pandiagonalen Quadrate vierter Ordnung
54 Seiten — 8° — 1952 — DM 5,—

Heft 7 Prof. Dr. MAX ROBITZSCH † / Die Erforschung der Atmosphäre, ihre Methodik und ihre Probleme
30 Seiten — 12 Abbildungen — 4 Kunstdrucktafeln — 8° — 1953 — DM 2,50

Band 101

Heft 1 Prof. Dr. KURT SCHWABE / Periodische Erscheinungen bei der anodischen Auflösung des Zinks 33 Seiten — 14 Abbildungen — 8° — 1954 — DM 3,—

Heft 2 Dr. UDO PIRL / Positive Lösungen einer nichtlinearen Integralgleichung
44 Seiten — 2 Abbildungen — 8° — 1953 — DM 4,—

Heft 3 Dr. JOACHIM FOCKE / Asymptotische Entwicklungen mittels der Methode der stationären Phase
2. unveränderte Auflage — 48 Seiten — 8° — 1957 — DM 4,80 *(vergriffen)*

Heft 4 Prof. Dr. HANS SALIÉ / Zur Verteilung natürlicher Zahlen auf elementfremde Klassen
26 Seiten — 8° — 1954 — DM 2,50 *(vergriffen)*

Heft 5 Prof. Dr.-Ing. ENNO HEIDEBROEK / Die Verantwortlichkeit des Ingenieurs
22 Seiten — 8° — 1954 — DM 1,— *(vergriffen)*

Heft 6 Prof. Dr. HANS SCHUBERT / Dr. ERICH SCHINCKE / Zur Ermittlung von Unterschallströmungen mit der Transformationsmethode bei quadratischer Approximation der Adiabate 32 Seiten — 6 Abbildungen — 2 Tabellen — 8° — 1955 — DM 2,30

Heft 7 Dr. HELMUT SCHAEFER / Neue Existenzsätze in der Theorie nichtlinearer Integralgleichungen 40 Seiten — 8° — 1955 — DM 2,40

Band 102

Heft 1 Dr. PAUL GÜNTHER / Über einige spezielle Probleme aus der Theorie der linearen partiellen Differentialgleichungen zweiter Ordnung 50 Seiten — 8° — 1957 — DM 4,60 *(vergriffen)*

Heft 2 Prof. Dr. HANS SCHUBERT / Dr. ERICH SCHINCKE / Zum Konturproblem der Hodographenmethode im Unterschall 25 Seiten — 8° — 1957 — DM 2,20

Heft 3 Prof. Dr. FRANZ RUNGE / Über die Polymerisation ungesättigter organischer Verbindungen 13 Seiten — 1 Tabelle — 8° — 1957 — DM 1,—

Heft 4 Dr. VICTOR VALCOVICI / Une extension des liaisons non holonomes et des principes variationnels 39 Seiten — 8° — 1958 — DM 2,40

Heft 5 Dr. ROLF KLÖTZLER / Beiträge zur Theorie mehrdimensionaler Variationsprobleme mit geknickten Extremalen 72 Seiten — 8° — 1958 — DM 4,30

Heft 6 Prof. Dr. PAULA HERTWIG / Strahlenschäden und Strahlenschutz im zellulären Bereich 43 Seiten — 14 Abbildungen — 6 Tabellen — 4 Tafeln — 8° — 1957 — DM 2,—

Heft 7 Prof. Dr. WILHELM TREIBS / Entwicklungslinien der organischen Chemie 25 Seiten — 8° — 1957 — DM 1,40

Band 103

Heft 1 Prof. Dr. GEORG SPACKELER / Über die Möglichkeit einer Lieferung von Magnesiumsulfat als Düngemittel seitens des Kalibergbaus der Deutschen Demokratischen Republik
Prof. Dr. ANTON ARLAND / Magnesium im Landbau
38 Seiten — 1 Abbildung — 2 Landkarten — 8° — 1958 — DM 1,90

Heft 2 Prof. Dr. HEINRICH BREDT / Über den Tod. Eine naturwissenschaftliche Betrachtung 26 Seiten — 8° — 1958 — DM 1,10

Heft 3 Dr. HANS WUSSING / Über Einbettungen endlicher Gruppen 38 Seiten — 8° — 1958 — DM 2,50

Heft 4 Prof. Dr. ERNST NEEF / Über die Veränderlichkeit unserer geographischen Umwelt 19 Seiten — 8° — 1959 — DM 1,20

Heft 5 Prof. Dr. WOLFGANG LANGENBECK / Zur Biochemie der Spurenmetalle. Mit Diskussionsbeiträgen 16 Seiten — 4 Tabellen — 8° — 1959 — DM 1,—

Heft 6 Prof. Dr. HANS SCHUBERT / Dr. ERICH SCHINCKE / Die Berechnung einer zirkulationslosen Unterschallströmung um den Kreiszylinder mit der Hodographenmethode In Vorbereitung

Heft 7 Vorliegendes Heft

Bestellungen durch eine Buchhandlung erbeten

Vor 1945 erschienene Berichte antiquarisch durch den Akademie-Verlag, Berlin, zum Teil noch lieferbar

AKADEMIE-VERLAG · BERLIN

FSC
www.fsc.org
MIX
Papier | Fördert gute Waldnutzung
FSC® C083411

Zeitfracht Medien GmbH
Ferdinand-Jühlke-Straße 7
99095 Erfurt, Deutschland
produktsicherheit@kolibri360.de